给孩子的科学素养漫画书

阿德老师的科学教室

② 动物妙事多

著／廖进德　编／信谊编辑部
图／樊千睿

U0215740

四川少年儿童出版社

自序
每个孩子都可以喜欢学科学

　　很多事情在无心插柳下，由于天时地利人和，就顺其自然成就了一件好事。将儿童科学学习的记录转化成漫画书，并不是一开始就计划好的，如今能变成漫画书，带动孩童对科学产生兴趣，进一步动手学科学，真是一件美好的事!

源自真实课堂记录的科学漫画

　　《阿德老师的科学教室》这套漫画，源于我在信谊引导上小学的孩子每周开展一次科学学习的记录。漫画书中的阿德老师、安安、乔乔、小钧，就是我和这些孩子们的化身，你一言我一语的对话，都是来自孩子在课堂上真实的表现。课堂中老师和孩童的互动与讨论，时常迸出惊人之语，有时孩子还真能在不知科学知识的情况下，说出科学史上科学家当时的发现。在学习过程中，孩子的观察、思考、探索、想象等，实在令人印象深刻。我一直深信，孩子如有适当的引导，通过动手探索学科学，可以增进上述能力，并且爱上学习。

启动孩子科学探索的开关

　　我和信谊的渊源始于2011年，信谊邀请我参加面向幼儿的"亲子一起玩科学"活动。长期以来我的教学对象都是上小学的孩子，但我从那次经验中发现，幼小的孩子其实也能愉快地接触科学。通过动手做实验，满足孩子的好奇心，开启探索真实世界的开关。在那之后，我便进入信谊幼儿实验幼儿园与亲子学堂，并针对不同年龄层的孩子设计一连串科学活动课程，教学活动延续至今。

符合教育发展趋势

　　我从事儿童科学教育多年，清楚地知道，老师要解构转化教材，选用适当的方法引导孩子，如同导演一般让课堂朝着正确的方向走，让孩子成为学习的主人，他的学习才可能是主动、积极的。奥斯贝尔（D. P. Ausubel）的"有意义的学习"论（meaningful learning），强调有意义的学习是"主动地"探索，而不是"被动地"接受。老师如能顺性引导和支持，孩子就可以在学习的路上逐步踏实前进。现今教育发展趋势是特别重视科学素养，要培养孩子在真实的情境下，会用所学的知识和能力展现出具体的学习成果，进而解决情境中可能产生的问题。综观自己设计的科学活动及漫画中孩子们观察、探索、推论、相互辩证与实操的过程，不正是呼应了当今教育发展提出的理念与精神吗？做错了没关系，在试错中学习更多，是孩子在小学阶段学习基础科学的必经之路，特别是在科学方法中的"观察"，这种好的观察可以收获知识、技能和良好的学习态度。因此，我特别喜欢引发孩子的观察力，赞赏、肯定孩子的回应，让孩子先不怕说错，日后他才会愿意说。至于对做错或做不好的孩子，我会说："做错了，学到更多。"爱迪生发明电灯时，灯丝的实验尝试几百次都失败，人们笑他，他说："我每次都成功呀！我不是证明它们都不适合做灯丝了吗？"让孩子不怕犯错，从错误尝试中寻找正确的方法，更是一种重要的学习。

鼓励孩子清楚表达自己的观点

此外，能将观察、推论的见解，有条理地表达出来也很重要。因此我也特别重视发言，鼓励孩子说出完整的话，不可使用只言片语就想蒙混过关。日积月累，养成孩子习惯于用科学的眼光和头脑去观察和思考，整理并完整表达所思所见。鼓励孩子要"先有想法"，"再有做法"，"然后经过验证再说出来"，这是学科学重要的学习历程，也是这一套书的精神。

帮孩子建立好的学习模式

这套书除了记录老师与孩子的互动，更多的是记录孩子与孩子间的火花。孩子也会鼓励、赞赏他们的老师，加上适当的引导，孩子个个都能成为主角。老师能支持他们的学习，在他们遇到困难时适时伸出援手，孩子自然会对学习产生信心，进而积极学习。孩子也在同学的提问和回答中，逐渐建立一个好的学习循环模式。

邀您一起成就孩子的未来

在我退休之后，还有这个机会继续从事科学教育，得天下英才而教，真乃万分庆幸。希望《阿德老师的科学教室》这套漫画书，对孩童可以有启发学习科学的动机，对教师可以收教学观课之效，对家长有帮助了解孩子学习过程与成长之机会。通过不是只给出科学知识，而是启发孩子主动探索科学的漫画书，邀请您一起来推动儿童科学教育，帮助孩子习得科学素养，成就孩子的未来。

作者　**廖进德**

目 录

主要人物介绍

阿德老师

风趣爱搞怪的科学老师，最喜欢有看法、有方法、有做法的小朋友，上课时不轻易说出答案。想办法让小朋友自己去观察、思考并找出答案，就是他最快乐的事。

安安

积极主动、勇于发言，有敏锐的观察和分析能力。常是第一个发现问题、解决问题的人，不过喜欢玩耍，常和小钧玩着玩着就忘了正在上课。

乔乔

个性细心谨慎，是团体里的小班长。在意见冲突时，会协调合作，虽然平时有些拘谨，不过也会表现出天真的一面。

小钧

怪点子多，爱玩爱搞笑，是班上的"开心果"。上课时常不专心，对美食最感兴趣，有天马行空的想法，有时误打误撞反而找到了答案。

一蛋一世界
奇妙的生命制造厂

生命制造厂

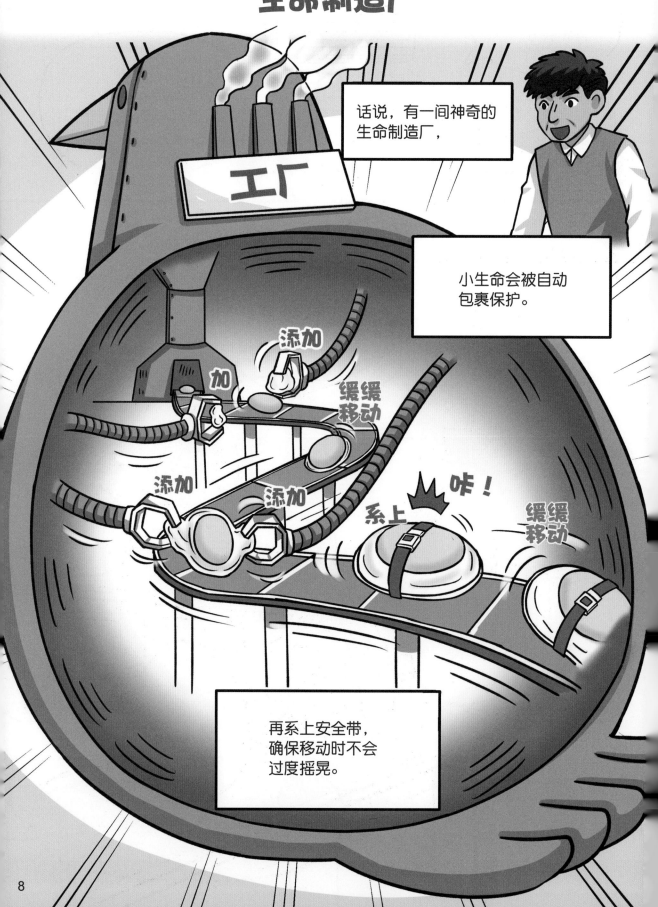

9

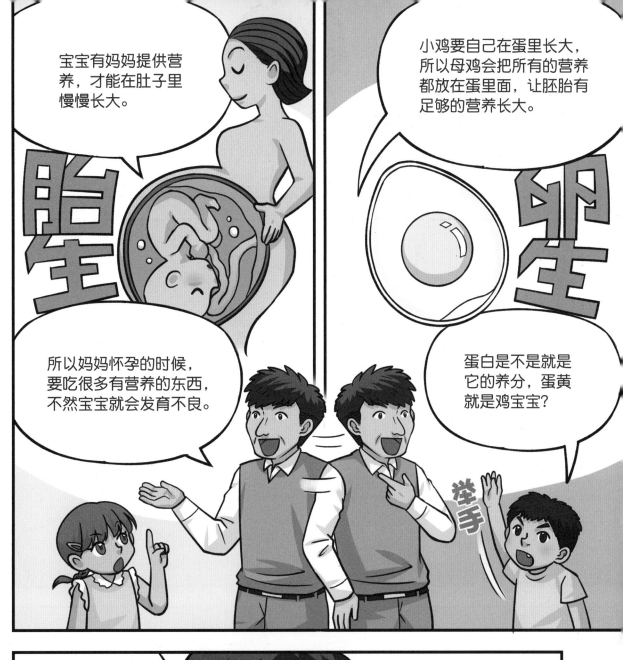

宝宝有妈妈提供营养，才能在肚子里慢慢长大。

小鸡要自己在蛋里长大，所以母鸡会把所有的营养都放在蛋里面，让胚胎有足够的营养长大。

所以妈妈怀孕的时候，要吃很多有营养的东西，不然宝宝就会发育不良。

蛋白是不是就是它的养分，蛋黄就是鸡宝宝？

举手

这个说法不完全正确哦！

蛋在生出来之前，卵黄经过输卵管时，会发生一些神奇的事。

13

神奇的事！
难道卵黄会变小鸡？

啾啾啾

嘿嘿嘿

吼！才不是啦！鸡蛋要经过母鸡孵蛋才会变成小鸡啦！

谁知道，鸡蛋里面除了有蛋黄，还有什么？

蛋白！

你们觉得鸡蛋是在母鸡的卵巢里就有蛋白，还是在形成过程中才有的？

应该是在形成过程中。

形成过程中蛋白就会慢慢加上去？

输卵管会先分泌一些蛋白慢慢裹住卵黄，

还要再加上一层膜，把它打包起来。

就变成一个蛋的形状！

是不是我剥蛋的时候，

看到的蛋壳上那层白白的皮？

薄膜

没错！蛋白外面那一层膜叫作什么？

蛋膜！

没错！叫作"蛋膜"。

但是光这样还不行，
蛋还是软的，掉下去就破掉了。

所以你们认为母鸡肚子里的
"工厂"还要做什么事？

需要加上硬的蛋壳来保护它。因为许多鸟的巢是树枝做的，软软的膜掉下去，被刺到就破了！

掉
破

对！要有壳！
不然母鸡坐下去
就压破了！

坐

而且蛋壳还可以保持温度，当外面太冷或太热时蛋里面就可以保持适的温度。

冷
热

没想到我爱吃的鸡蛋竟有这么多学问！

鸡蛋的学问还不止这些，我们继续研究下去！

母鸡是怎么生蛋的?

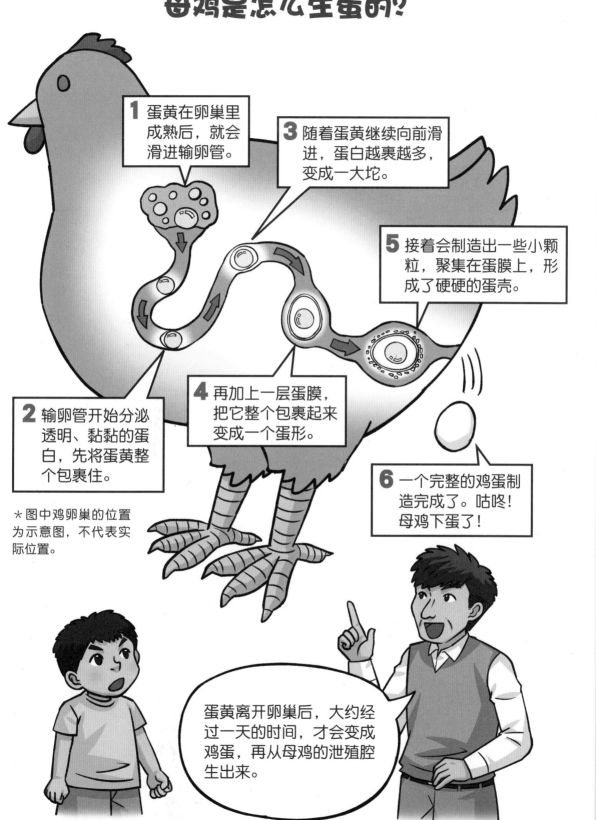

1 蛋黄在卵巢里成熟后,就会滑进输卵管。

3 随着蛋黄继续向前滑进,蛋白越裹越多,变成一大坨。

5 接着会制造出一些小颗粒,聚集在蛋膜上,形成了硬硬的蛋壳。

2 输卵管开始分泌透明、黏黏的蛋白,先将蛋黄整个包裹住。

4 再加上一层蛋膜,把它整个包裹起来变成一个蛋形。

6 一个完整的鸡蛋制造完成了。咕咚!母鸡下蛋了!

＊图中鸡卵巢的位置为示意图,不代表实际位置。

蛋黄离开卵巢后,大约经过一天的时间,才会变成鸡蛋,再从母鸡的泄殖腔生出来。

鸡蛋不是圆形的？

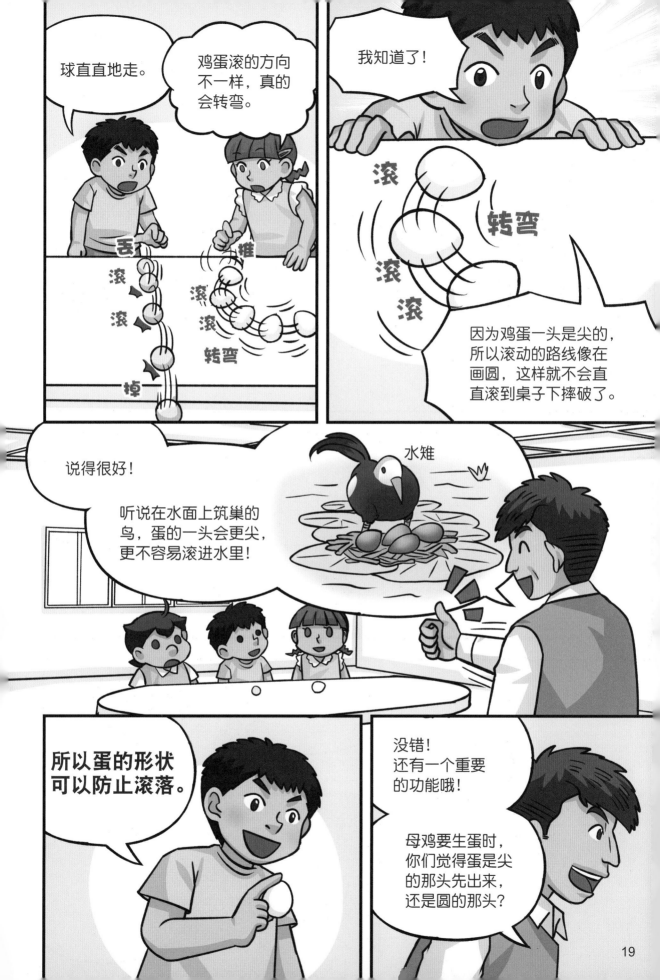

球直直地走。

鸡蛋滚的方向不一样，真的会转弯。

我知道了！

滚 滚 滚 转弯

因为鸡蛋一头是尖的，所以滚动的路线像在画圆，这样就不会直直滚到桌子下摔破了。

说得很好！

听说在水面上筑巢的鸟，蛋的一头会更尖，更不容易滚进水里！

水雉

所以蛋的形状可以防止滚落。

没错！
还有一个重要的功能哦！

母鸡要生蛋时，你们觉得蛋是尖的那头先出来，还是圆的那头？

圆头会朝前先出来!

因为尖头如果朝前,落地会容易破掉。

合理推想!还有其他看法吗?

我每次上**大号**的时候,

便便前面都是圆圆大大的,尖尖的地方最后才出来。

扑通

小钧很棒,举出生活中的例子……

晃晃

摇摆

所以大的部分先过去,后面就容易出来。

小钧说了一个重要的观点,

挤出

挤

如果蛋圆的那头朝前放在软管里,管子动一动,它会往前跑哩!

咦?什么意思啊?

挤出

老师这边有两条丝袜!

拿出

我们来做个实验就知道了!

因为鸡蛋像是一个前大后小的锥形，只会往前不会往后。

大的那头往下放，移动得很顺畅！

把尖的那头往下放，就容易卡住。

从大到小容易前进，从小到大就卡住了。

所以蛋的形状一头尖一头圆，

可以让母鸡**更容易把鸡蛋生出来！**

说得没错！你是第一名！

是生蛋还是熟蛋？

实验二 分辨生蛋和熟蛋

我们研究了蛋的外形，接着来研究蛋里头有什么学问。

生鸡蛋 1 颗

带壳的水煮蛋 1 颗

白色浅盘子 1 个

这两颗蛋一颗是生蛋，一颗是熟蛋，可是我不知道哪颗才是生蛋。

嘿嘿……这还不简单！这颗是生蛋，

你是说煮熟的蛋因为吸水变得又重又大，鸡蛋会这样吗？

这颗是熟蛋。因为熟蛋吸了水，所以比较重也比较大。

鸡蛋生出来后，大小就是固定的。

对！蛋壳是厚厚又硬硬的，应该很难吸水，也没听说蛋会吸水。

那打开来看看不就知道了吗?

举起

石化

停住

这不是聪明的方法，要运用科学家的头脑，找出哪颗蛋是生的。

不能敲不能打，在不破坏蛋的情况下想出办法来。

咦!

摇

摇

有了!

嗅

嗅

好冰呀!

紧握

观察好了吗?我想听听你们的科学方法。

生蛋
（液体）

因为生蛋里面有液体，液体升温比固体慢！

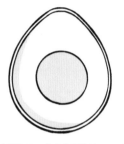

熟蛋
（固体）

熟蛋里头是固体，升温比较快，所以拿久了，会感觉温温的。

我还是听不大懂……

冬天坐椅子时，会觉得铁椅子比木头椅子更凉，因为铁传送热量比木头快，人坐下去时铁就把屁股的热量很快传送走了，导致升温很慢，所以坐在铁椅子上，屁股会觉得比较冰。

冰死了！

坐下去一会儿就不冰了。

铁　　**木**

同样的道理，液体传送热量比固体快，

生蛋里面有蛋白液，会较快地把我手上的热量抢走。

这样我懂了！这个冰冰的应该是生蛋。

这个想法和做法连大学生都不一定想得出来，

真棒！

是我听过最厉害的方法呢！

换我来说，

摇一摇，我感觉里面在动，所以这颗应该是生蛋。

生的里面是液体，煮熟的蛋是固体。

摇
摇

咕噜噜

你们的方法都很棒！

我还听说一个办法，就是拿蛋来转转看！为什么？

我知道！因为生蛋里面的液体会晃。

所以哪个蛋会转得好？

应该是生蛋，因为里面的液体会晃，所以会一直转。

我觉得是熟蛋转得比较好。

到底怎样，就请你们来转转看！预备！开始——

第一轮

靠近
按
转
转
靠近
按
转
转

离开
停住

转
转

咦！
乔乔的怎么放开手了
还继续转？

是啊！
明明都按住了，
怎么又会转动？

我知道！
是因为里头的液体还
继续在转，所以我的
是生蛋！

乔乔说得
很有道理，
我们打破鸡蛋
宣布答案！

没错！乔乔的是生蛋！

用转的方式好好玩！

而且很容易分辨出生蛋和熟蛋。

按停、放开，还会继续转的就是生蛋。可是它转得比较慢。

放开

转

转

转

熟蛋里面是固体，蛋壳、蛋白、蛋黄整个凝固在一起，

转的时候整个可以一起转动，所以转得快。

转

转

说得好！有学问！

回家我也要来考考我弟弟，

嘿嘿……这样我又有蛋可以吃了！

29

鸡蛋里的秘密

生鸡蛋 1 颗

白色浅盘子 1 个

筷子 1 双

我们成功分出熟蛋和生蛋，现在来观察蛋里面有哪些神奇的构造。

原来蛋壳好薄哦！

老师！有东西粘在蛋壳上！

这就是刚才说的蛋膜吗？好好玩！

30

这个膜可以撕下来呢!

白白滑滑、半透明的!

蛋壳表面有许多看不见的小孔洞可以透气,

蛋膜可以保护鸡蛋不被细菌、微生物侵入,也可避免水分蒸发。

圆的那一头,上面的蛋膜是鼓鼓的,跟蛋壳间有一个充满空气的泡泡。

安安发现鸡蛋有一个"空调设备"。

空调设备？

专业术语是两个字，第一个字跟空气的"气"有关系，

第二个字表示像房间一样，所以叫"室"，大家一起说一遍。

气室！

气室通常在鸡蛋圆圆大大的那一边，就像装满空气的房间，这样小鸡宝宝在里面就可以换气呼吸。

我看到气室了！

这个蛋黄很有弹性呢!

Q弹

我们说过蛋黄是"一个"细胞哦!

会有一层膜包起来。

细胞膜

如果蛋品质好又很新鲜,这层蛋黄膜会比较强韧。

打蛋时,蛋黄不容易破。

手忙

果然好新鲜!

小钧快点放回盘子上!

脚乱

还好没破!

放回

咦!蛋黄上面好像有白白的东西!

好眼力!

那个小白点是鸡的"胚盘"。

胚盘？

蛋黄是一个细胞，这个小白点是细胞核的位置。

小鸡的胚胎就是从这里开始长，再慢慢长成一只小鸡。

原来小鸡就是从这个小白点开始发育长大的。

没错！血管会从这里慢慢生长，布满整个蛋黄表面。受精的蛋，孵了一个星期以后，用灯一照，就会看到血管了。

胚胎就靠血管吸收蛋白和蛋黄提供的养分和水分，发育成一只小鸡。

神奇 变身

蛋黄的两边还有一条白白的东西。

观察得很好！它们像带子一样，是比较稠的蛋白。

拉拉看，蛋黄会跟着走哟！

移动

真的呀！

拉

这条像带子的蛋白，有个专门的名字叫作"系带"。

固定

它能让蛋黄不管怎么转，都保持在中间，

稳固

通常蛋黄的小白点会朝上面，让鸡妈妈可以给它保温，不然朝下面就容易着凉了。

好聪明的蛋！

如果蛋黄跑到旁边，养分不够，会生出一只不健全的鸡。

因为养分不均衡。

35

鸡蛋学问多

蛋壳：能保护胚胎发育和提供所需的钙质。蛋壳上有细微小孔，方便空气进出。蛋壳的气孔通常在蛋的圆端分布较密，尖端比较少。

胚盘：蛋黄上的小白点，是开始发育成小鸡的部位。它慢慢长大，约 21 天后就可以长成为小鸡。

蛋白：有浓蛋白和稀蛋白。提供养分和水分给小鸡胚胎使用。

气室

蛋膜：蛋壳内侧有两层软壳膜，外层紧贴蛋壳，内层与蛋白相贴，蛋的圆端内外两层蛋膜间形成气室。

系带：可以固定蛋黄，使蛋黄保持在中央。

蛋黄   蛋黄膜

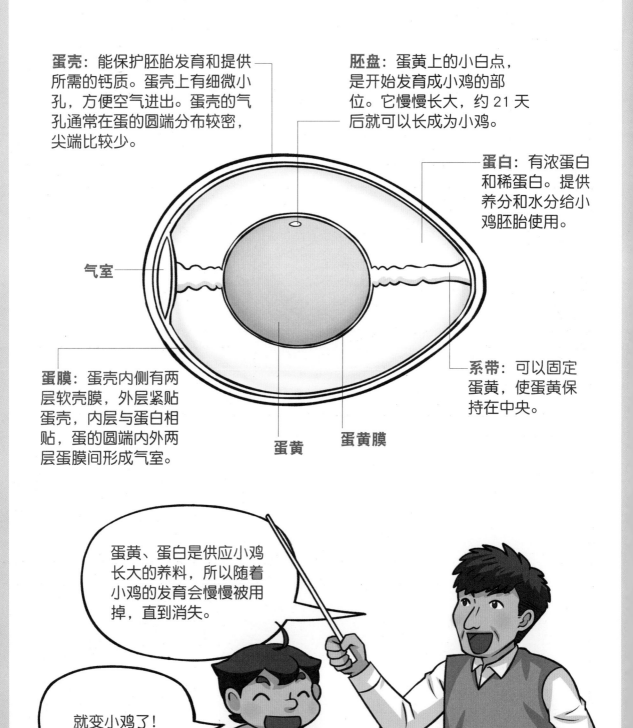

蛋黄、蛋白是供应小鸡长大的养料，所以随着小鸡的发育会慢慢被用掉，直到消失。

就变小鸡了！

当蛋白遇热会发生什么事？

实验四 蛋白的变性实验

滴管 1 支

小试管 1 支

生鸡蛋 1 颗

温度计 1 支

装有 300 毫升热水的杯子

利用蛋白液做个小实验，看看蛋白加热会发生什么事。

为什么生鸡蛋的蛋白是透明、水水的，跟我平常餐桌上吃的样子不同？

煮熟了，蛋白就会变白呀！

这是个好问题。你们知道加热到多少摄氏度，蛋白液会变成白色的吗？

50 摄氏度！

100 摄氏度！

我也觉得要 100 摄氏度！我看妈妈做水煮蛋都是水沸腾了一阵子才拿出来。

可能是
多少摄氏度？

我们来做做看！

用滴管把蛋白液
装到试管里。

请你们装到试管的三分
之一就好，小心不要把
蛋黄戳破混进来！

好像鼻涕！

滴

滴

滴

真棒！
我检查看看！

蛋白液装太多了，
会不容易加热，
看不到实验结果。

老师！
我们需要温度计
才可以测量。

给你们温度计，把
温度计红色的部分
插到试管里，

先量量看，
现在蛋白液的温度
是多少摄氏度？

25 摄氏度。

接下来要加热蛋白液。

用一个杯子装热水，再把试管放进杯子里，这样比较安全。

注意看，当温度升到多少摄氏度的时候，蛋白液会凝固成白色？

＊操作的时候注意不要把杯子打翻了，避免被热水烫伤！

变白了！

你看到的是在试管上的水蒸气啦！

35摄氏度、

39摄氏度、

缓缓上升

40摄氏度
……

50摄氏度了！

还没变白，小钧**你猜错了！**

61 摄氏度！
我的开始变白了！

65 摄氏度！

我的
全变白了！

所以我们知道大概是 60 多摄氏度的时候，蛋白液开始变白。

可能超过 65 摄氏度的热水就可以把蛋白煮熟！

蛋白变白后，还可以变回原来的样子吗？

蛋白

煮熟的蛋白，放凉还是固体，不像水凝固成冰后，还会融化变成水。

冰

水

煮熟的蛋白就不能恢复原来的样子。

因为蛋白液里的蛋白质遇热会被破坏而改变性质，

这种现象叫作蛋白质的"变性"。

煮火锅时，肉放到热汤里也会变白变硬，因为肉也有蛋白质！

有学问！
乔乔说得没错。

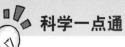

蛋白质的变性

　　自然状态下的蛋白质被称为天然蛋白。蛋白质除了加热会变性外，遇到强酸或强碱也可能会产生变性，有些食物就是利用这些方法制作出来的。

1 蛋白质遇到酸：牛奶加醋结块做成奶酪。

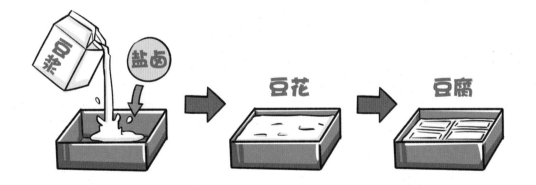

2 蛋白质遇到碱：豆浆加入盐卤，豆浆中的蛋白质就变成豆花，压掉水分就变成豆腐。

有泡泡！

什么样的泡泡？

蛋壳的外面会有一小颗一小颗像蚂蚁大小的泡泡。

还看到什么现象吗？

有的蛋壳浮起来了。

我知道！因为泡泡有浮力。

泡泡像救生圈一样，让蛋壳浮起来。

不错！你们的观察和说法都很棒！

如果蛋壳一直泡在醋里，会变成什么样？

难不成会被醋吃掉？

可以用转的方法
分辨生蛋和熟蛋，

也可以把鸡蛋
拿在手上感觉
哪个更冰凉。

蛋白只要用
60多摄氏度
的热水就可
以闷熟。

还有，母鸡身体
小小的，卵却比
人的卵还大很多。

蛋壳放到醋里面，
会产生二氧化碳
泡泡，

就像汽水一样！

小钧牌
蛋壳汽水

还有人把蛋放到醋里，
一个星期后竟然变成
一颗超级特别的蛋！

皮蛋？

醋蛋？

回家试试看
才知道答案，

下次上课记得
跟大家分享！

下课喽

老师跑了！

不告诉你们！

小气！

课堂笔记

乔乔

　　小鸡是卵生的，比不上我们人在妈妈的肚子里那么安全，但是鸡妈妈在蛋里面安排了好多很厉害的构造，像蛋黄和蛋白提供营养，蛋膜可以阻挡坏蛋细菌的侵入；还有气室当作空调，让鸡宝宝可以舒适地在里面成长。所以我觉得鸡妈妈的爱心一点都不输给人类！

安安

　　今天老师给我们一个任务是分出生蛋和熟蛋，它们的外表看起来都一样，真的很难分辨！没想到小钧找到闻一闻的方法，乔乔也发现摇一摇可以感觉到生蛋里头有液体在动。我把两个蛋都放在手心握住，一会儿后我突然发现，一个变得温温的，另一个还是很冰，冰的是生蛋。老师说我的方法超级厉害呢！

小钧

　　平常我最爱吃鸡蛋了，但是都没仔细观察它，原来鸡蛋有那么多的学问。例如蛋黄外面有一层膜，我用手把它抓起来竟然没破，真好玩！还有蛋的形状是一头尖，另一头圆，滚起来会转圈，这样就不容易滚出鸡窝。更惊奇的是，母鸡生蛋是从圆的那边先生出来的。老师还让我们用丝袜来模拟鸡生蛋，真的是这样啊！我觉得鸡妈妈的身体，真是一个聪明又厉害的"生命制造厂"。

阿德老师的话：

　　生命真奇妙，一颗鸡蛋经过 21 天后，竟然可以变出小鸡来。这对小朋友来说，是一件很神奇的事。记得我小时候，用电灯透着光照鸡蛋，看见蛋里面有血管时好兴奋。接着利用这个方法，挑出有受精发育成胚胎的鸡蛋，当时对生命科学充满好奇的感觉，到现在仍然很深刻。因此阿德老师就设计这样的活动，希望小朋友们有机会一起了解鸡蛋是怎么来的，认识蛋的构造与功能，感受生命诞生的奥妙。

　　小朋友在探索鸡蛋的时候，对鸡蛋的构造与功能充满好奇，还有许多见解。从外观来看，想不到一头尖一头圆的蛋，滚起来会转圈圈，真是有趣！更妙的是，一头尖一头圆的蛋，还可以帮助鸟类顺利生产。用丝袜做实验时，小朋友很开心又认真找答案，就跟阿德老师小时候一样，对科学现象充满好奇与兴奋哦！

　　打开鸡蛋后，小朋友也可以有更进一步的探索，例如蛋黄靠着系带，被牢牢绑在蛋的中央。蛋白有一部分是稀薄的，另一部分浓浓的，系带也是浓的蛋白，难怪不容易从蛋壳上弄下来。还有，透明的蛋白在温度达 60 多摄氏度时就会开始变白变硬，这告诉我们煮蛋时，热水的温度不用到 100 摄氏度，蛋就会熟了。孩子可以通过动手操作，观察蛋白凝固的现象。

　　我们常不得不赞叹造物者的神奇，巧妙的构造背后都是为了让生命得以延续，光是一颗蛋就蕴藏了这么多的学问。科学很有趣，只要细心观察，常常会有意想不到的发现，像书中的主角一样，每个人都可以发现一种分辨生蛋和熟蛋的方法，认真探索学习真的好棒！希望小朋友有机会也能拿出一个生鸡蛋来观察，一定会很有趣哦！

鸟的行为妙事多
小白头翁救援记

老师！快来！

快来看！

哇！饼干盒里是什么？要请我吃饼干吗？

不是啦！是那个……

啾！

打开

怎么会有一只鸟？

我们在上学的路上发现的。

51

送小白头翁回家

放低的地方，容易被猫狗抓走！

对哦！我怎么没有想到。

高的地方比较安全。

等一下这只小白头翁就会叫，它的爸爸妈妈听到叫声就会来找它！

观察鸟的行为时，要躲起来，不要被鸟发现。

啾 啾 啾

我听到有鸟叫声！

四周找找看，白头翁长什么样子呢？

白头翁的头应该是白色的。

晃动！

那里有一只头白白的鸟，

嘴里还有一条虫！

飞来

又飞来一只白头翁!

是它的爸爸或妈妈吗?

它嘴里也有一颗果实!

你们认为来的是鸟爸爸还是鸟妈妈?

鸟爸爸应该比较厉害,飞得比较快,所以我猜是鸟爸爸。

我认为来喂果实的是鸟妈妈。

根据老师的观察,

喂食的大多是鸟妈妈。

那鸟爸爸呢?

嘎嘎

啾啾啾

冲

鸟爸爸也会帮忙喂食,但主要负责在高处守卫警戒,

有危险时,就会大叫通知鸟妈妈。

再讲一件特别的事给你们听。

如果有陌生人太靠近白头翁的鸟巢，

鸟妈妈会第一个奋不顾身地冲出去啄他，保护它的宝宝。

鸟爸爸除了在旁边喊叫，也会靠近陌生人。

坏蛋！坏蛋！走开！

但是距离差不多一米，就掉头飞走了！

白头翁妈妈好勇敢！

你看！鸟妈妈靠近宝宝了。

注意看它会不会喂宝宝吃！

它把果实送进宝宝的嘴里了。呀！好棒！

嘘——小声一点，不要吓到它们。

我们的任务完成了！

老师！老师！

那一边的树丛里，还有一窝白头翁。

快去看！

抓住！

站住！

我们要轻轻、慢慢地移动，不能靠得太近。

靠太近会吓到它们啦！

没错！我们靠太近，它们觉得不安全就只好搬家，

如果小鸟带不走，它们的爸妈会不会就放弃它们了呢？

这样小鸟就活不下去了！

没错！鸟的这种行为叫作"弃巢"，所以我们观察时要安静、小心。

弃巢

可是这么远我又看不清楚，

怎么办？

当当！
老师有准备！

我们可以用望远镜来观察，也可以用相机来拍摄！

鸟在哪里？

怎么看不清楚？

拿反了！你看的是背包啦！

东西变得好远好远，**真的是望远镜！**

小钧太心急了！

哈哈

哈哈

怎么用望远镜观鸟？

观鸟时，要和鸟保持距离，免得打扰它们。可以观察又不会打扰鸟的最好方式，就是用望远镜来观鸟。

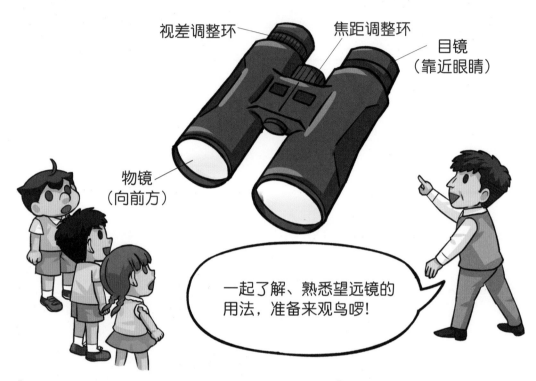

视差调整环　　　焦距调整环

目镜
（靠近眼睛）

物镜
（向前方）

一起了解、熟悉望远镜的用法，准备来观鸟啰!

1 先找前方 10 ～ 20 米的目标，身体、脖子、头都保持不动，再拿取望远镜，将目镜靠近眼睛。

2 调整两个镜筒的夹角，让其与自己的两眼同宽。

调整　调整

选定线条清晰、对比分明的目标来观察。目镜靠近眼眶时要留一点空隙，不要贴紧。

3 调整望远镜两眼的视差，先闭上右眼，只用左眼看，转动中间的焦距调整环，让左眼看起来最清楚，便停止。

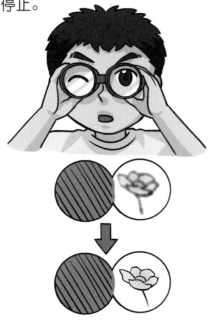

4 再闭上左眼，换右眼看，转动视差调整环，转到右眼看起来最清楚，便停止转动。

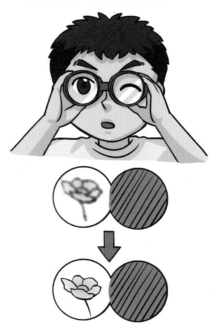

5 双眼同时张开，就可以看见十分立体清晰的影像。

6 换一个景物，重新转动焦距调整环，直到你能熟悉操作并快速看清目标物为止。

记得先两眼直盯目标，身体不动、头颈不动，

再将望远镜慢慢放在眼睛前面观察。

来！看看老师拍到了什么。

好小的鸟宝宝哦，而且身上没有什么毛！

在巢里面的鸟宝宝，我们叫作"雏鸟"。离开巢的，像刚刚捡的那一只，我们叫"幼鸟"。

比起雏鸟，幼鸟身上的羽毛变多也变蓬松了。

再长大一点，变成"青少年"的鸟，叫作什么呢？

青少年鸟！

不这样叫，

冠军下来是亚军。

如果冠军的鸟叫作"成鸟"，那第二名也就是亚军的鸟叫作什么？

我知道了！叫作"亚鸟"！

是"亚成鸟"啦！

64

小鸟吃了食物之后，会从屁股拉出一个囊状包包，我叫它"便包"。

鸟妈妈为什么要吃掉便包呢？

雏鸟的消化能力比较弱，便包中的食物没消化完全，还有营养。鸟妈妈把食物给宝宝吃，自己吃营养较差的便包。

＊便包是鸟宝宝的便便，外面有一层白色的膜包裹，让它没气味，不会污染鸟巢和引来天敌，还方便亲鸟叼起来吃下或叼去远方丢弃。

鸟妈妈真的好伟大呀！

直到有一天，小鸟不再有便包，鸟妈妈和鸟爸爸就会用食物引诱小鸟到巢外喂食，这样小鸟如果便便，就不会污染鸟巢和其他小鸟。

雏鸟大约喂几天才会长大啊？

要喂 12 天左右，接着它们就会离巢学飞了。

老师说那边不能靠近，那我从这边走，看会不会有新的发现。

偷偷

老师！老师！

又发现一个鸟巢，里面有两颗蛋！

这是白头翁的蛋！

只有蛋，没有看到鸟爸爸、鸟妈妈呢！

咔嚓

咔嚓

它们应该刚好离开了。

我们要赶快离开！

不然被鸟爸爸、鸟妈妈发现的话，就会……

就会弃巢了！

为什么鸟爸爸、鸟妈妈不在巢里守着蛋呢？

它们要等到一窝蛋都生完才会开始孵蛋。

鸟妈妈通常会生3颗蛋，第3颗生完当天，才会开始守住鸟巢孵蛋。

哇！鸟还会数数啊！

蛋要孵多久，才会孵出小鸟呢？

通常要10～12天，鸟妈妈会一直孵，

除了出去觅食外，它是不会离开的哦！

难道鸟爸爸不会帮忙孵蛋？

没错！鸟爸爸负责守在鸟巢的上方警戒。

鸟妈妈真辛苦！

欢迎光临鸟餐厅

接下来我们要去哪里?

接下来我们要找餐厅!

可是午饭时间还没到呢。

餐厅?

老师怎么知道我肚子饿了!

我们要找的是鸟的餐厅啦!

鸟也有餐厅!卖什么? 好吃吗?

我知道了!餐厅会来很多人,

鸟的餐厅一定也会来很多鸟。我们在那里等,就会有鸟自己过来。

没错!

前面有鸟在叫,我们去看看,会不会是鸟餐厅!

榕树餐厅

这棵树上果实好多，鸟也好多！

这棵是雀榕，它的果实是许多鸟的最爱。

恭喜你们找到了很棒的鸟餐厅！

雀榕

旁边这棵有好多紫色的果实！

应该也是鸟餐厅！

没错！这是桑树结的桑果，鸟也很爱吃。

小钧的观察很棒！

看！那边有白头翁在吃果实！

哪里？

有听到"嘀"的一声吗？这是绿绣眼刚到一个地方，心情好时发出的声音，表示"我来了！"。

离开时，它常常会通知同伴说"啾啾"，表示"我先走！"。

你们再听听看！

嘀

真的呢！有"嘀"的声音！

嘀

啾啾

我听到"啾啾"了！好有趣呀！

而且绿绣眼跟白头翁是好朋友呢！

好朋友？什么样的好朋友？

就是不太会抢食物、打架的好朋友。

你看它们在一棵树上和平相处，真的是好朋友。

城市三好友

白头翁、绿绣眼、麻雀是城市公园里常见的三个好朋友。

你们有没有注意到，
麻雀的腿常常是弯下来的状态，
不是站得挺挺的。

腿短

它的腿跟绿绣眼比起来，
比较短且强壮。

腿长

麻雀的腿弯起来
缩得比较短，
肌肉比较发达。

这样落地—弹跳、落地—弹跳，
跳会比较快，走不一定快。

缩！　跳！　伸！

就像青蛙和兔子
习惯跳！

说得好！

我喜欢！

注意看！麻雀的脸上有一块黑黑的，那叫什么呢？

我想不出来……

那块黑黑的就叫作……黑斑！

我们脸上有一种斑叫"雀斑"。

雀斑！

因为麻雀脸上有黑斑，所以我们脸上如果也有斑，就叫"雀斑"？

赞！给你100分！

太厉害了！

太好了！

我们也可以当鸟类专家！

遇见水边的鸟

你看！鸭子妈妈带一群小鸭在游水。

旁边还有一只黑色的鸟，头的前面红红的。

缩

伸

你们发现的是"黑水鸡"，都市有水池的地方很常见。它们通常是成双成对，一公一母地生活。

你看它游泳的姿势，脖子一伸一缩，超级好笑。

嘻嘻

你们找找看，另外还有一只在哪里？

饰羽

找到了,
另一只在那里!

好眼力!你们观察
得很棒!它们都是
生活在水边的鸟。

看,旁边还有
一只好大的鸟!

那只是苍鹭,
也很常见哦!

它的脖子好长,
跟鹭鸶一样是 S 形,
可是羽毛不是白色的!

老师!
它怎么一动不动,
是不是在睡觉?

和鸟做好朋友

我发现一件事，

我们靠这么近，它们都不在意。

这些鸟跟人好像挺亲近，都不怕人呢！

老师来讲一个我跟白头翁变成好朋友的故事。

有一对白头翁每年都会来我家的院子筑巢。

冬天食物不足，我会把苹果、香蕉、橘子用钩子挂在树枝上或阳台上，让它们来吃。

它们吃了吗？

吃了啊！从食物的痕迹可以看到，它们啄过。

因为认识久了，它们很习惯我在院子里活动，我们成为了好朋友。

住家附近有鸟来的话，该怎么办呢？

冬天食物比较少，你可以准备一些鸟吃的食物，帮助它们补充体力和营养。如果来的是麻雀，可以给它谷类，像是大米和小米。绿绣眼跟白头翁吃水果，可以穿个铁丝挂着切片的水果，这样它们就会来吃。试试看，你也可以和它们成为好朋友哟!

晚上鸟休息的时候，记得要把食物收起来，才不会有其他的动物跑来偷吃!

多了解与关怀我们身边的鸟朋友。

好棒! 这样我们也可以跟鸟成为好朋友。

你们来说一说今天学到了什么。

我认识了白头翁家族，鸟爸爸主要负责警戒，鸟妈妈负责喂食小鸟。

察看

喂

吃

鸟妈妈不但喂食物给宝宝吃，自己还吃宝宝的便包，很伟大。

我们还认识了公园常见的三个好朋友——白头翁、绿绣眼、麻雀。

还发现麻雀走路是一跳一跳的！

我发现吃最重要！如果要观察鸟，可以先找鸟餐厅，

水池边的鸟最爱吃鱼！

你们都观察得很好！

希望大家都可以成为鸟的好朋友！

再见

挥手

挥

课堂笔记

安安

　　上课的路上我们捡到一只白头翁幼鸟，老师说小白头翁孵出来后，鸟妈妈会在外头找食物带回巢喂它。11～12天后，小白头翁开始学飞，一不小心就会掉出鸟巢，所以刚好被我们捡到。老师也带我们去水边看水鸟吃鱼。现在我知道在家里阳台放一些鸟爱吃的食物，可以吸引鸟飞来吃，观鸟真是太有趣了！

小钧

　　今天老师教我们用望远镜观察鸟。我在树丛里发现了一个鸟巢，老师提醒我们观察时不能靠得太近，万一鸟弃巢就糟了。我们还学会找鸟的餐厅，这样就可以"守株待鸟"，等鸟自己上门。我果然看到许多鸟飞进飞出，真是有趣。以前我在公园玩都没有特别注意，原来公园里有这么多的鸟。现在我知道，只要找到方法、用心观察，就可以看到以前没有发现的事物！

乔乔

　　今天我们发现了白头翁宝宝，还好老师带着我们帮鸟宝宝回去和它的爸爸妈妈团聚！我们还看见了白头翁的鸟巢，走近观察让我好惊讶！没想到除了草茎，它们居然还用塑料袋、纸屑等垃圾来做窝。原来人类的生活真的会影响它们。希望大家一起爱护大自然，让鸟类可以安心地做人类的朋友。

阿德老师的话：

　　鸟是小朋友喜欢的动物，但是它们会飞翔，不易亲近，无法随时近距离观察。我们所知有限，所以一不小心可能耽误了小鸟，像书中这只从树上掉落的幼鸟，最好是还给鸟爸爸和鸟妈妈照顾。

　　在公园里，很容易近距离看见麻雀、白头翁、鸽子和黑冠麻鹭等鸟，这些鸟并不怕人。但其实我小时候，鸟只要看见人，大老远就吓得振翅高飞！因为当时生活条件不太好，许多人会想办法捕抓伯劳鸟、斑鸠等小鸟烤着吃，造成鸟只要看到人类靠近，就立刻飞走，怕被捕捉。近些年人们已开始善待鸟类，所以很容易近距离观察它们。只要我们改变观念和态度，鸟类真的可以成为人类的好朋友！

　　每年我家花园都有白头翁来筑巢产卵繁殖。有一次我经过鸟巢，鸟巢只有我肩膀高，巢里的鸟妈妈不但没飞走，还望着我喘气散热。当时我心血来潮，从旁边找来干的草茎给它，没想到它立即接过去筑起巢来。我高兴得说不出话来，鸟妈妈知道我对它的好意，没有转身飞走！

　　自然界处处充满惊喜，只要你用心观察、用心体会，常有许多收获和启发。十多年来我观察鸟的行为，觉得人类会编织，说不定是向鸟学来的，例如织布鸟就很擅长编织。人类的许多工具如凿子、钳子等，可能是学习啄木鸟的鸟喙（啄树洞），台湾蓝鹊会弄弯衣架筑巢哩！茅草屋顶或屋瓦，可能是学习鸟的羽毛层层排列来防水。

　　人类大脑的强项就是会学习，能思考和创新。前人的智慧累积留传给我们，我们再继续发扬光大。阿德老师希望小朋友在走入自然时，能善于观察、思考，也向大自然的动物、植物和环境学习，相信你会有许多收获和启发。别忘了，向大自然学习的同时，还要懂得珍惜大自然的一草一物，让我们和我们的后代都可以享受大自然的恩赐。

建立生物互相需要的环境
我的瓶中鱼世界

认识孔雀鱼

安安，你画的一条一条的是什么？

就是它的帆……

有学问！可是在鱼鳍上一条一条的不叫帆，一条一条的叫什么？

鳍条！

老师，鳍条是用来干吗的？

要把帆立起来，是不是需要有东西把它撑起来？

啊！蝙蝠？

这样鱼在游动时，才可以放下鳍，也可以竖起鳍，甚至左右晃动。

哇！好酷，那鱼不就像个船长一样能自己控制前进的方向。

我见过长两个背鳍的鱼。

小丑鱼

我在水族馆见过一整片连起来的、很大的背鳍。

茉莉花鳉

我还见过长得很奇怪，背鳍变成一根棘刺的鱼！

接触时，千万要小心！

刺！

马面单棘鲀

我们要找的第二种鳍在鱼的胸部位置……

所以要找胸鳍？

飞鱼的胸鳍就像飞机的翅膀！

可以让它在空中滑翔。

像滑翔翼一样！

跳跃 跳 跳 跳

接下来要找什么鳍？

背鳍 尾鳍

"肚鳍"！我也有"肚脐"，哈哈！

应该叫作"腹鳍"。

厉害！还有一种最厉害的鳍，

负责让鱼快速前进，叫作什么鳍？

尾鳍！

摆动

成年雄孔雀鱼的尾鳍比较鲜艳，可以用来分辨雌雄。

一般的鱼是"卵生"，雌鱼把卵产到身体外面……

我知道！卵会孵化，鱼宝宝破卵而出。

对，孔雀鱼的妈妈很神奇！它把卵留在肚子里，

雄鱼的精子进去以后，受精卵就在肚子里面孵成小鱼。

放入

成长

出生

最后，妈妈再把小鱼生出来。

它跟我们一样，也是哺乳动物？

啊！所以孔雀鱼是"胎生"？

不！它不喝奶，它是鱼类。

这种生殖方式叫作"卵胎生"。

上次研究鸡蛋，我们知道鸟类是"卵生"。

有一些生物很特别，是"卵胎生"。

"卵胎生"和"胎生""卵生"有什么不一样呢？

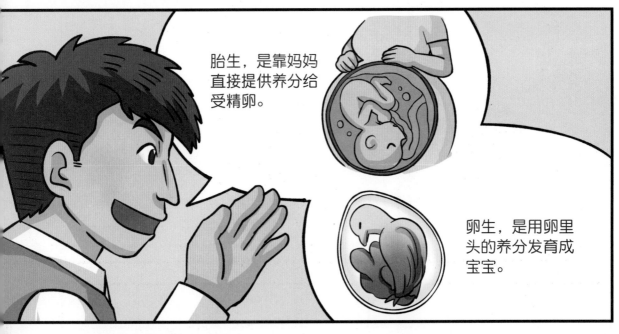

胎生，是靠妈妈直接提供养分给受精卵。

卵生，是用卵里头的养分发育成宝宝。

卵胎生的受精卵虽然在妈妈的肚子里，却不靠妈妈提供养分，而是用卵里头的养分来发育。

卵胎生可以保护卵，不被其他的生物吃掉！

鱼所需要的环境

咦！怎么才一会儿，鱼缸底下多了好多便便？

可能因为它们刚吃过鱼饲料，所以会大便。

它们边吃边拉。哈哈！

我邻居的狗一紧张，就会大小便。

鱼被抓了以后，它很紧张就大便了？

赞！紧张或是兴奋都有可能让动物拉便便。

外部环境的刺激，会引起身体反应。

孔雀鱼可能觉得来到陌生的环境，所以紧张得大便！

我再讲一个例子，以前老师做实验，小白鼠都是养在很大的笼子里，一二十只一起生活得很好。

可是要带它们去做实验时，就抓了七只放在小笼子里。

然后，它们居然就……

我知道！
屁滚尿流！

它们的反应不是屁滚尿流啦！它们的反应是……

咬来咬去！

因为空间太挤了，它们一紧张就打起架来。

对，太厉害了！它们就互咬！你很了解鼠类嘛！

所以生物对于环境的要求，第一是需要空间。

那小鱼需要的空间比较小，对不对？

对！如果用塑料瓶来养鱼呢？

咦，这个会不会太小了！

孔雀鱼很小一条，塑料瓶对它来说，也许够大了。

鱼如果要活着的话，

你们觉得除了空间外，还需要什么呢？

要有水才能活！

那给孔雀鱼海水，你觉得可以吗？

海水

不行！

为什么不行？

因为鱼分淡水鱼和海水鱼，

如果淡水鱼放到海水里，可能会死掉；海水鱼放到淡水里，也可能会死掉。

海

说得好！水是鱼生存的环境因素之一。

不同的鱼需要的水质也不一样。

海水鱼和淡水鱼

地球表面大约有三分之二的面积是海洋，生活在海水中的鱼我们称为海水鱼；陆地上的河川湖泊多是淡水，生活在淡水中的鱼我们称为淡水鱼。海水中的盐分含量较高，大部分的淡水鱼到了海洋会因为盐分含量太高而适应不良，甚至脱水死亡。大部分的海水鱼也会因为无法适应淡水而不能生存。不过，有一些鱼对盐分的适应力较强，像罗非鱼和状元鱼，还有洄游的鳗鱼和鲑鱼，它们既能在淡水中生存，也能在海水中生存。

塑料瓶养鱼虾

实验二 布置孔雀鱼的家

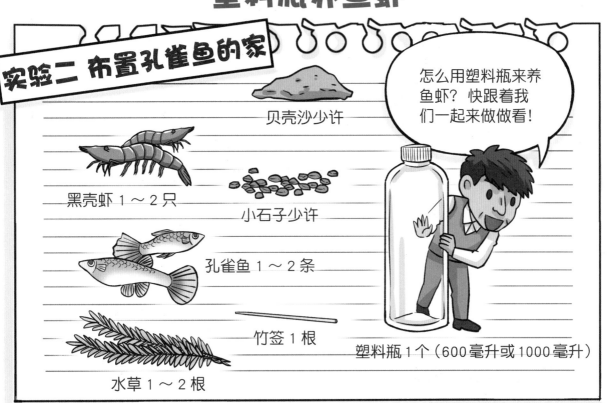

贝壳沙少许

黑壳虾 1～2 只

小石子少许

孔雀鱼 1～2 条

竹签 1 根

水草 1～2 根

塑料瓶 1 个（600毫升或1000毫升）

怎么用塑料瓶来养鱼虾？快跟着我们一起来做做看！

用这个塑料瓶养鱼，鱼会不会被闷死？

在盖子上面戳几个洞或打开盖子。

万一不小心弄倒，水流光，鱼就死翘翘了！

别激动！你们想到"要打开盖子，要有空气"，

这只对了一半，不过已经很好了。

咳咳！

七嘴八舌

先装石头，
再倒沙子，
最后再加水。

哦哦！
那这样……

天使

你的鱼
会变成小天使！

贝壳沙
取自海边，
所以……

要泡水，
洗掉盐分！

没错！
100 分！

你们觉得是细
的贝壳沙铺在
上面，还是粗的
小石子在上面？

细的在上面。

因为鱼在下面
游，碰到粗的
会受伤！

可是小溪里
的石头更粗
更大呀！

是不是跟
滤水器的
道理一样？

113

震动会把沙石间的水挤压出来！地震时可能造成土壤液化，跑出水来，道理和这个相似。

好

神奇！

我想到上次去海边踩沙滩，踩踩踩，就踩出水来了！

对！老师小时候也很爱这样玩！

好！
现在请大家装沙子！

接下来要帮孔雀鱼的家布置水草了吗?

当然要!不然鱼没有食物吃。

水草可以让鱼躲起来!

咦?那鱼就不用吃饲料了?

躲起来?还有没有其他原因?

先想想看,为什么要放水草呢?

想不出来……

可以不放水草吗?这样我可以多养几条鱼。

嘿嘿!

那你的鱼又要变成小天使啰!

我知道！

水草可以
进行……

光合作用！

"光合作用"，
有学问！

光合作用
会产生什么东西？

光合作用可以
产生氧气！

产生的氧气
要给谁用？

给鱼用！

水草也需要
氧气！

没错！不仅鱼需要
氧气，水草自己也
需要。

水草

CO₂

二氧化碳

O₂

氧气

鱼

水草光合作用产生了氧气，
鱼用了氧气产生二氧化碳。
二氧化碳又可以让水草进行
光合作用产生氧气。

＊鱼和水草呼吸
作用时，都会产
生二氧化碳。

不然它们会缺氧，
窒息死掉。

117

先来观察老师准备的水草。

模索

拿出

这根水草好长哦!

水草是植物,仔细看!分上跟下。

这种水草叫"水蕴草"。

水草要怎么种呢?

我知道了!叶子向上就是朝上!

上

如果放反了,会怎样呢?

嘿嘿!你如果放反的话……

水草不会死,

但是会长得比较辛苦。

呼

呼

我想要加很多水草！

加太多的话，鱼就没有游泳的空间啦！

这个塑料瓶里，放两根水草差不多。

水草只会漂浮在上面，种不下去……

想想看，有什么方法可以让它下去？

用竹签把它戳下去，

戳

戳

固定在石子中间。

固定

好方法！我喜欢！

哇！孔雀鱼的家布置好了！

我的鱼要住新家了！

请问一下，一开始养鱼是养大的好，还是小的好？

我要养三条大的！

嘿嘿！那这样……

你的鱼又要变成小天使啦！

大的鱼需要的空间比较大。

大的鱼需要的氧气比较多。

三条大鱼挤在一起，容易因为氧气不够而死掉！

说得好！

以老师的经验，大鱼只能养一条，

小的孔雀鱼可以养2～3条。

小钧没在听……

彼此互相需要

水草的光合作用会产生氧气。

氧气给鱼虾使用。

鱼的便便给虾吃。

硝化菌分解后的营养，再给水草用。

瓶子里的生物彼此互相需要！

说得没错！

如何照顾孔雀鱼？

终于有宠物了！孔雀鱼好可爱！

我等不及要拿回去给爸妈看！

老师准备了专门的鱼饲料，

给你们带回去喂！

一次喂很多，鱼就会很快长大！

不能喂太多啦！这样吃不完，水会变脏！

安安说得没错！吃不完的要捞起来！

一天要喂多少饲料才可以？

一条鱼一天大约吃十颗饲料。

你们看！这根吸管我用剪刀这样剪剪剪！

一个小小的饲料喂食器就做好了！

自己动手做一个，回家喂饲料很方便！

记得饲料带回去后不可以沾到水，沾到水容易坏掉！

瓶子带回家后，是不是要放在阳台？

对啊！要有阳光才会有光合作用。

但是夏天天气很热，如果把塑料瓶放到太阳下晒……

鱼就会热死，又要变成小天使了！

升 天

说得好，这小小的一瓶让太阳晒一下，水温可能到 40 多摄氏度，鱼都被煮熟变鱼汤了！

放在室内窗户旁边，晒进来的太阳光足够让水草进行光合作用了。

那冬天时，鱼会怕冷吗？

15℃

冬天水温如果低于 15 摄氏度鱼也会受不了，生病或死掉。

万一好几天都没有阳光，水草无法进行光合作用，鱼会不会闷死？

这时候需要把盖子打开换气，放一会儿再盖起来。

换气

也可以让瓶子倒下来，这样水草接受阳光照射的面积增大，氧气也会变多。

面积增大

需要换水吗？

换水要用养过的水，不可以直接装自来水。

没错！

一般 3 个月换一次水。水如果换得太频繁，鱼会死得快。不过水变混浊时，就要赶快换水了。

孔雀鱼妈妈要生宝宝怎么办？

发现有小鱼出现在缸里，一定是鱼妈妈生了小鱼。

1 准备一个宽浅的水盆，倒入一些鱼缸里的水，把鱼从缸里捞起来放进盆里。

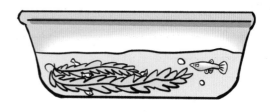

2 放入水草，营造鱼妈妈进不去的紧密空间，这样小鱼才有地方躲藏，不会被妈妈吃掉。

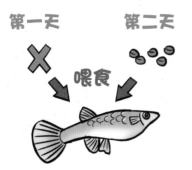

3 第一天不给鱼妈妈喂食，第二天可以喂平常食量的一半。

4 2～3天后，鱼妈妈会生完小鱼，这时再将它放回原来的鱼缸。

5 刚出生的小鱼，会啃食水草表面的藻类，所以不用喂食。

6 大约经过1个星期，可将小鱼移到新鱼缸，隔天起开始少量喂食，并继续饲养。

老师，孔雀鱼可以活多久呢？

孔雀鱼的寿命大约有 2～3 年。

好短啊！万一它死掉我会很伤心……

每种生物的寿命长短都不一样，这是很自然的事。

乔乔别伤心，我们让它们生很多孔雀鱼。

这样你就一直有鱼养了！

看我的香蕉和凤梨，

到时候也会生很多条小鱼。

用力

生出 生出

小钧！你的香蕉和凤梨都是雄鱼！

怎么会生小鱼？

怎么会！

哈哈哈

哈哈哈

课堂笔记

小钧

　　我以为所有的鱼都是卵生，看到孔雀鱼妈妈从肚子生出小鱼时，觉得真是太奇妙了！原来孔雀鱼很特别，是卵胎生。它们的受精卵会留在妈妈的肚子里，等到孵化成小鱼才生出来，这样可以保护卵不被敌人吃掉。我们查资料发现有的鱼还会把卵放在口中保护。动物的世界真是无奇不有，非常有趣！

安安

　　今天老师带我们研究孔雀鱼，没想到用小小的塑料瓶真的可以养鱼，且不需要安装过滤设备，也不需要打气！只要瓶子里有水、水草，就可以产生氧气；石头上的硝化菌还会把鱼的便便分解掉。这样大家生活在一起，相互需要，让塑料瓶里维持一个健康的环境，孔雀鱼就可以好好地生活了。

乔乔

　　我有一条孔雀鱼叫作"小苹果"，它是我的第一只宠物。没想到养鱼要注意的事真不少，必须先放石头再放细沙，连用的水也要先"养"哦！还有，种水草时要注意哪一边向上，不然放反了水草会长得辛苦。我帮小苹果布置好家，每天喂它吃饲料，虽然最后它还是变成天使了，我很伤心，但也留下许多美好的回忆。谢谢它陪我读书、写功课！

阿德老师的话：

记得小时侯，家门口的小沟里就有许多食蚊鱼，它是孔雀鱼的近亲，我会把它养在瓶子里观察。有一次我还帮鱼妈妈成功地生下小鱼，让小鱼再长成大鱼，真是一个美好的童年回忆。当老师后，我就把这样的学习经验，传给小朋友。

看着同学们兴奋的神情，我也满心欢喜，我欢喜地看见他们可以做学习的主人，这瓶鱼和虾，同学们从头到尾都要亲自动手布置和照顾，无论结果好与坏，都要学着面对与承担，这是多么美好的事。当下我突然领悟到，小朋友们的学习不应该假手他人，他们从小就可以体会到做事负责的态度，成功了固然是好事，失败了也可以收获更多的经验。再说，老师也会从眼神中，看见同学们的好奇心与求知欲，也看见不怕挫折、乐于学习的恒心和毅力。这些都是很珍贵的学习锻炼哦！

不瞒同学们说，阿德老师我要准备上这样的课程其实挺麻烦的，或许你会想：啊！老师也会想偷懒，怕麻烦。因为老师同时要面对不同孩子对鱼和虾的提问，还要不断地引导同学去解决问题，最后还有一段关于鱼死亡的生命教育，陪大家一起面对欢乐与哀伤，其实并不是容易的事。但是我常想，美好的东西，哪一个不麻烦？麻烦是有回馈的。现在回味起当时上课的种种，仿佛又重新听见当时学习的欢笑声。对于生活中想要追求、探究的事情也一样，你们也要有不怕麻烦的决心，努力过后，品尝到的果实一定特别甘美！

从瓶中的鱼世界里，小朋友看见鱼需要水草才能生存，细菌需要鱼的便便，而水草也需要细菌，在瓶中的生物彼此紧密地互相需要，成为各自生命中的贵人。你们也可以从真实的饲养照顾中，真正体会到生命生存的需求和彼此相互需要的关系。真要谢谢小钧、乔乔、安安和瓶中鱼世界的生物们，在生命的长河中，我们得以一起写下美好的生命故事，同学们也可以和自己饲养的瓶中鱼或其他生物，一同写下新的生命篇章。

出 版 人：常　青
艺术总监：张杏如
责任编辑：高海潮
特约编辑：陈晓玲　王才婷
美术编辑：王素莉
责任校对：刘国斌　张建红
责任印制：王　春　袁学团

ADE LAOSHI DE KEXUE JIAOSHI
书　　名：阿德老师的科学教室
DONGWU MIAOSHI DUO
动物妙事多
作　者：廖进德
编　者：信谊编辑部
绘　图：樊千睿
出　版：四川少年儿童出版社
地　址：成都市锦江区三色路238号
网　址：http://www.sccph.com.cn
网　店：http://scsnetcbs.tmall.com
经　销：新华书店
特约经销商：上海上谊贸易有限公司
地　址：上海市静安区南京西路1266号恒隆广场二期3906单元
电　话：86-21-62250452
网　址：www.xinyituhuashu.com
印　刷：上海当纳利印刷有限公司
成品尺寸：260mm×187mm
开　本：16
印　张：8.5
字　数：170千
版　次：2023年2月第1版
印　次：2023年2月第1次印刷
书　号：ISBN 978-7-5728-0871-5
定　价：299.00元（全5册）

图书在版编目（CIP）数据

动物妙事多 / 信谊编辑部编；樊千睿绘. — 成都：
四川少年儿童出版社，2022.9
（信谊 阿德老师的科学教室；2）
ISBN 978-7-5728-0871-5

Ⅰ. ①动… Ⅱ. ①信… ②樊… Ⅲ. ①动物—少儿读
物 Ⅳ. ①Q95-49

中国版本图书馆CIP数据核字(2022)第155280号

Mr. Rad's Science Class (Vol.2)
Concept © Chin-Te Liao, 2019
Illustrations © Chian-Ruei Fan, 2019
Originally published in 2019 by Hsin Yi Publications, Taipei.
Simplified Chinese edition © 2023 by Sichuan Children's Publishing House Co., Ltd.
in conjunction with Hsin Yi Publications.
All rights reserved.

本简体字版 © 2023 由台北信谊基金出版社授权出版发行

四川省版权局著作权合同登记号：图进字21-2022-305号